Sitzungsberichte
der Heidelberger Akademie der Wissenschaften
Mathematisch-naturwissenschaftliche Klasse
Jahrgang 1930. 13. Abhandlung

Epeirophorese

Teil II. Geodätische Beweise.

Von

Wilhelm Salomon-Calvi
in Heidelberg.

Eingereicht am 15. November 1930.

Berlin und Leipzig 1931

Walter de Gruyter & Co.

vormals G. J. Göschen'sche Verlagshandlung / J. Guttentag, Verlagsbuchhandlung / Georg Reimer / Karl J. Trübner / Veit & Comp.

Epeirophorese.

Teil II. Geodätische Beweise[1]).

Besteht die Epeirophorese zu recht, so müssen Längen und Breiten an zahlreichen Stellen der Erde Änderungen erhalten, die mit den heutigen Methoden schon nach einer kleinen Anzahl von Jahren exakt nachweisbar sind. Es ist also zu erwarten, daß wir auf diesem Wege in naher Zeit eine Entscheidung bekommen werden. Doch muß hervorgehoben werden, daß bis heute das Fehlen von Änderungen der geographischen Koordinaten kein Gegenbeweis gegen die Epeirophorese wäre, während umgekehrt der Nachweis von Änderungen als ein positiver Beweis angesehen werden müßte. Da also in wenigen Jahren eine einwandfreie Entscheidung erwartet werden kann, verstehe ich nicht, warum sich viele Gegner der Hypothese zu heftigen Äußerungen hinreißen lassen. Wenn wir Anhänger der Hypothese Unrecht haben, so wird das ja bald genug aller Welt bekannt sein.

Wegener selbst hat zwar schon in der dritten Auflage seines Buches eine Vergrößerung des Längenabstandes Grønland—Europa mit Koch für sehr wahrscheinlich gehalten, sich aber damals (1922) noch sehr vorsichtig ausgedrückt. In der vierten Auflage (1929) glaubte er, daß der Nachweis für Grönland durch die neuen sonst noch nicht veröffentlichten Messungen von Gabel-Jörgensen exakt erbracht sei. Er hält auch eine Vergrößerung des Abstandes Nordamerika—Europa und Madagascar—Afrika für erwiesen[2]).

---

[1]) Frühere Veröffentlichungen über denselben Gegenstand: Die Bedeutung der Wegenerschen Kontinentalverschiebungstheorie. Naturw. Monatshefte für den biolog. usw. Unterricht XXVII, 1930, Heft 3, S. 133—142. Teubner, Leipzig. — Epeirophorese. Teil I. Sitz.-Ber. Heidelberger Akademie 1930, Abh. 6, 26 S.

[2]) Alfred Wegener: Die Entstehung der Kontinente und Ozeane. Braunschweig 1929 bei Vieweg & Sohn. (Vierte Auflage.) Die geodätischen Beweise sind auf den S. 22—24 ausführlich behandelt, aber auch noch in einem Anhange auf S. 220 durch die Beobachtungen von Littell und Hammond ergänzt.

Da bei allen bisherigen Messungen die absoluten Beträge noch sehr klein sind, kommt es naturgemäß auf die Fehlergrenzen an. Diese zu beurteilen fühle ich mich nicht kompetent. Ich habe mich daher an meinen Heidelberger Kollegen Geheimrat MAX WOLF, Direktor unserer Sternwarte und an die Herren Geheimrat KOHLSCHÜTTER in Potsdam sowie Geheimrat HECKER in Jena gewandt und sie um Meinungsäußerung gebeten. Herr WOLF schrieb mir am 19. IX. 1929 wörtlich: „Auf Ihren Brief hin habe ich mir die Schrift von LITTELL und HAMMOND in A. J. 38, S. 188 nochmals angesehen. Die Arbeiten sind sehr großzügig und vertrauenerweckend durchgeführt. LITTELL nimmt selbst keinen Bezug auf ‚Längenänderungen'. Immerhin stellt er die französischen Längenbestimmungen Paris—Washington in 1913/14 mit den Seinigen zusammen, offenbar blos, um die schöne Übereinstimmung zu zeigen. In dem Aufsatz von LITTELL kommt, sehr kurioser Weise, das Jahr der Bestimmung nicht vor (!!), in welchem die Beobachtungen angestellt sind. Es scheint möglich, daß es 1927 war. Die zwei Ziffern sind:

Franz. Bestim. 1913/14 Paris-Washington $= 5^h\,17^m\,36.652^s \pm 0.003^s$
Amer. Bestim. 1927(?) Paris-Washington $= 5^h\,17^m\,36.665^s \pm 0.002^s$

Soweit LITTELL! Es ergibt sich also die Differenz: $0^h\,0^m\,0.013^s$ und zwar in 13 Jahren, das macht eine Verringerung des Längenunterschiedes Europa—Amerika von rund 0.001^s in einem Jahr. — Das ist recht wenig, und wohl schwer mit Sicherheit festzustellen. gez. M. WOLF."

Herrn Geheimrat KOHLSCHÜTTER verdanke ich zwei Briefe, von denen der zweite vom 19. März 1930 nur mitteilt, daß der Name „SABEL-JÖRGENSEN" bei WEGENER und anderen stets „GABEL-JÖRGENSEN" zu schreiben ist, worauf KOHLSCHÜTTER von WEGENER selbst aufmerksam gemacht wurde. Der erste Brief, zu dessen Veröffentlichung mich Herr Geheimrat KOHLSCHÜTTER ausdrücklich bevollmächtigte, lautet wörtlich: „Über die Längenbestimmungen, die ALFRED WEGENER zur Begründung seiner Lehre der Kontinentalverschiebungen heranzieht, läßt sich leider zur Zeit etwas Endgültiges nicht aussagen. Die Längenbestimmungen an der Ostküste von Grönland durch SABINE, BÖRGEN und COPELAND und schließlich von KOCH sind ausschließlich mit Hilfe des Mondes gemacht. Wenn die Ungenauigkeit der Messungen von KOCH vielleicht auch nicht mehr als etwa $\pm 3^s$ beträgt, so ist eine Nachprüfung der älteren Messungen leider nicht mehr möglich, so daß man bei ihnen ein Vielfaches der angegebenen Ungenauigkeit als möglich zugeben muß.

Von den Messungen an der Westküste von Grönland sind die älteren von Falbe und Bluhme, sowie von Ryder ebenfalls mit Hilfe des Mondes gemacht und lassen deshalb auch keinen einwandfreien Schluß zu.

Zuverlässige Zahlen kann man erst von den funkentelegraphischen Zeitübertragungen durch Jensen im Jahre 1922 und durch Gabel-Jörgensen im Jahre 1927 erwarten. Obwohl die Messungen von Jensen und Gabel-Jörgensen genau an derselben Stelle gemacht sind, besteht zwischen ihnen leider der Unterschied, daß nur die Beobachtungen von Gabel-Jörgensen mit dem unpersönlichen Mikrometer ausgeführt sind, während Jensen die Beobachtungen der Sterndurchgänge in anderer Art vorgenommen hat.

Bei derartigen funkentelegraphischen Längenbestimmungen sind es hauptsächlich drei Fehlerquellen, die die erreichte Genauigkeit bestimmen:

1. der Unterschied der sogenannten persönlichen Gleichungen der Beobachter,
2. die jährliche Periode und
3. die Schwankungen kürzerer Periode in den auf funkentelegraphischem Wege übertragenen Zeitbestimmungen.

Die Ursachen für die Perioden in den Zeitübertragungen sind noch nicht geklärt. Da die Funksignale selbst mit einer sehr großen Geschwindigkeit sich ausbreiten, und da man im übrigen den Einfluß dieser Geschwindigkeit berücksichtigt, neigt man der Ansicht zu, daß die Perioden entweder auf Refraktionsstörungen oder auf Schwankungen der persönlichen Gleichung der Beobachter beruhen. Welches aber auch ihre Ursache sein mag, sind die durch die beiden zuletzt genannten Quellen verursachten Fehler nicht allzu erheblich. Den Betrag der jährlichen Periode kann man auf $\pm 0.03^s$ schätzen. Bei den Perioden kürzerer Dauer sind Abweichungen vom Mittelwert, die wesentlich über 0.04^s hinausgehen, bisher nicht beobachtet worden. Die größte mir bekannte derartige Abweichung, die allerdings nicht die Zeitbestimmungen berührte, sondern die Breitenbestimmungen, weil sie in der Nord-Süd-Richtung wirksam war, ist die im Winter

1921/22 in Mitteleuropa beobachtete Abweichung von 0.5ˢ gewesen.

Wäre diese Störung in Ost-West-Richtung aufgetreten, so würden dadurch Fehler in der Zeit- und Längenbestimmung von 0.05ˢ hervorgerufen worden sein. Im günstigsten Fall, wenn die aus den periodischen Schwankungen hervorgehenden Fehler sich gerade addieren, wird man doch keine größere Unsicherheit als 0.1ˢ zu befürchten haben. Da der Unterschied zwischen den Messungen von JENSEN und GABEL-JÖRGENSEN 0.9ˢ beträgt, kann er auf keinen Fall durch die periodischen Schwankungen verursacht worden sein.

Anders liegt es jedoch mit der an erster Stelle genannten Fehlerquelle, dem Unterschiede der persönlichen Gleichungen. Im allgemeinen pflegen diese Unterschiede zwischen 0.1ˢ und 0.3ˢ zu liegen, und mit der Zeit etwas veränderlich zu sein. Ein in der astronomischen Literatur berühmtes Beispiel von großem Unterschiede der persönlichen Gleichungen ist der zwischen BESSEL und AGELANDER, der im Durchschnitt 1ˢ betrug. Ein so großer Betrag ist bisher allerdings nur dieses eine Mal bekannt geworden. Aber deshalb muß man zugeben, daß ein Unterschied der persönlichen Gleichungen zwischen JENSEN und GABEL-JÖRGENSEN im Betrage von 0.9ˢ im Bereiche der Möglichkeit liegt, zumal GABEL-JÖRGENSEN mit unpersönlichem Mikrometer, JENSEN dagegen ohne solches beobachtet hat. Über die von JENSEN angewendeten Beobachtungsmethoden gibt seine Veröffentlichung leider keinen völligen Aufschluß. Entweder hat er mit Auge und Ohr beobachtet, oder er hat die Zeit auf Zuruf durch einen Assistenten ablesen lassen. Da er bei den Beobachtungen von Sonnen-Höhen dieses letztere Verfahren benutzt hat, erscheint es sogar wahrscheinlich, daß er es auch bei der Beobachtung von Sterndurchgängen angewendet hat. Es ist einleuchtend, daß namentlich bei diesem letzteren Verfahren, wo die persönlichen Gleichungen von zwei Beobachtern in das Ergebnis eingehen, und namentlich durch eine verspätete Auffassung des Zurufes durch den Hilfsbeobachter eine Verzögerung in der Zeitablesung eintreten kann, Beträge von persönlichen Gleichungen, die 1ˢ und mehr erreichen, durchaus möglich sind.

Allerdings wird man eher eine Verspätung der Zeitauffassung als eine Verfrühung für wahrscheinlich halten, so daß die von JENSEN gefundene westliche Länge von Kornok vermutlich zu groß ausgefallen ist und die wahre Veränderung der geographischen Länge von 1922 bis 1927 noch größer als 0.9^s ist. Wenn somit auch die Realität der Vergrößerung der westlichen Länge von Kornok sehr wahrscheinlich ist, so ist sie doch nicht über alle Zweifel erhaben. Es ist bedauerlich, daß keine Bestimmung des Unterschiedes der persönlichen Gleichungen zwischen JENSEN und GABEL-JÖRGENSEN stattgefunden zu haben scheint. Da die Beobachtungen von GABEL-JÖRGENSEN, soviel ich weiß, noch nicht veröffentlicht sind, sondern nur die WEGENERsche Mitteilung in der 4. Auflage seines Buches: ‚Die Entstehung der Kontinente und Ozeane' darüber vorliegt, läßt sich dies allerdings nur vermutungsweise aussprechen. Derselbe Vorbehalt gilt daher auch für den nächsten Absatz.

Wenn, wie ich schon sagte, die persönliche Gleichung sich im Laufe der Zeit auch etwas zu ändern pflegt, so sind bisher doch keine Beispiele dafür bekannt geworden, daß diese Änderung einen solchen Betrag ausmacht, daß nicht wenigstens die Größenordnung des Unterschiedes zwischen JENSEN und GABEL-JÖRGENSEN sich auch noch nach mehreren Jahren richtig ergeben hätte.

Wenn die persönliche Gleichung von JENSEN im Jahre 1922 tatsächlich 0.9^s betragen hätte, so würde sie im Jahre 1927, als eine Vergleichung zwischen JENSEN und GABEL-JÖRENSEN möglich gewesen wäre, doch nicht auf 0.2^s oder 0.3^s zurückgegangen sein. Wenn umgekehrt die Gleichung von JENSEN nur 0.2^s oder 0.5^s betragen hätte, so würde sie im Jahre 1927 bei einem etwaigen Vergleich zwischen JENSEN und GABEL-JÖRGENSEN nicht bis auf 0.9^s angestiegen sein.

Durch den Vergleich beider Beobachter würde sich also auch noch nachträglich im Jahre 1927 die Unsicherheit, die dem gefundenen Längenunterschied von 0.9^s infolge von persönlicher Gleichung anhaftet, wenigstens der Größenordnung nach, d. h. ob sie nur wenige Zehntel-Sekunden oder fast eine ganze Sekunde beträgt, haben feststellen lassen. Da dies nicht geschehen ist, ist ein endgültiges Urteil über die Bedeutung dieser Zahl noch nicht abzugeben, wenn auch mit großer Wahrscheinlichkeit behauptet werden kann, daß tatsächlich eine Änderung der geographischen Lage von Kornok zwischen 1922 und 1927 stattgefunden hat.

Durch die Übereinstimmung dieser Änderung mit den an anderen Orten aus Mondbeobachtungen abgeleiteten Änderungen gewinnen diese letzteren auch ihrerseits an Bedeutung und Beweiskraft. Sie weisen vor allem darauf hin, daß die in Kornok festgestellte Änderung, wenn sie durch die in Aussicht genommenen Beobachtungen im Jahre 1932 bestätigt wird, nicht eine lokale Erscheinung des Beobachtungspfeilers in Kornok ist, sondern einen sehr großen Teil von Grönland betrifft.

Die Verschiebungen, die WEGENER aus den Beobachtungen von Pater COLIN und POISSON für Madagaskar errechnet, sind ebenfalls so groß, daß sie wahrscheinlich über die Fehler der Längenbestimmungen hinausgehen. Mit voller Gewißheit kann man diese Behauptung allerdings auch nicht aufstellen, weil sich das Ergebnis der Längenbestimmung von Pater COLIN nicht mehr nachprüfen läßt. Wenn der Fehler vermutlich auch kleiner als 5^s ist, so sind doch immerhin Fehler von Längen, die mit Hilfe des Mondes erhalten sind, in diesem Ausmaße möglich.

Dagegen liegt die Differenz der 1913/14 und 1927 gefundenen Längenunterschiede zwischen Washington und Paris vollkommen innerhalb der möglichen Fehlergrenze. Die mittleren Fehler dieser beiden Längenbestimmungen werden zwar mit $\pm 0.002^s$ und $\pm 0.003^s$ angegeben. Es darf aber nicht übersehen werden, daß dieser mittlere Fehler nur aus der inneren Übereinstimmung der einzelnen Beobachtungsabende abgeleitet ist. Die Fehler mit jährlicher Periode und mit Perioden, die einige Monate umfassen, sind dabei nicht berücksichtigt. Nach dem, was aber sonst über das Maß dieser periodischen Abweichungen bekannt ist, können die im Laufe weniger Monate angestellten Beobachtungen sämtlich um einen Betrag vom wahren Werte abweichen, der weit über den gefundenen Unterschied von 0.013^s hinausgeht.

Von dieser Stellungnahme können sie jeden Ihnen geeignet erscheinenden Gebrauch machen. gez. KOHLSCHÜTTER."

Von Herrn Geheimrat HECKER habe ich auf meine am 3. Juni 1930 an ihn gerichtete Anfrage bisher keine Antwort erhalten. Mittlerweile ist die uns hier beschäftigende Frage von R. LIVLÄNDER in der Zeitschrift für Geophysik Jahrg. 6, 1930, H. 3, S. 134—140 unter dem Titel „Die kontinentalen Verschiebungen von Amerika und Madagaskar" behandelt worden. LIVLÄNDER teilt genau seine Quellen mit und hatte auch unveröffentlichte Beobachtungen von mehreren Seiten zur Verfügung gestellt bekommen. Ich verweise hinsichtlich der von ihm benützten Literatur und Beobachtungen auf die Originalarbeit und begnüge mich damit, seine Ergebnisse zusammenzufassen.

1. Die Ausgleichung der sechs telegraphischen Längenbestimmungen von Cambridge in USA ergab nach der Methode der kleinsten Quadrate eine jährliche Verschiebung von Amerika (Cambridge—Greenwich) von -0.0004 ± 0.0008^s (mittlerer Fehler; $+$ = Vergrößerung der Länge). Die Verschiebung, nämlich eine Verkleinerung des Abstandes beträgt jährlich 14 cm, ist aber nur halb so groß wie die Fehlergrenze. Sie darf daher nicht berücksichtigt werden.

2. Abstand Amerika—Europa aus funkentelegraphischen Zeitsignalen unter Korrektur der Polschwankungen. Die Berechnung erfolgte auf Grund von Zeitsignalen von Annapolis. Es ergaben sich die folgenden Werte:

Potsdam—Washington	$v = +0.0002 \pm 0.0042^s$	(mittlerer Fehler)
Paris—Washington	$v = -0.015 \pm 0.0075$	
Potsdam—Ottawa	$v = -0.007 \pm 0.017$	
Greenwich—Washington	$v = -0.0005 \pm 0.0068.$	

„Ein gewichtetes Mittel aus den Längenbestimmungen und Signalaufnahmen gibt für die jährliche Verschiebung Amerikas $v = -0.0006 \pm 0.0008$ (mittlerer Fehler) $= -21$ cm ± 28 cm.“ Livländer schließt daraus, daß die jetzige Verschiebung, wenn sie überhaupt existiert, jedenfalls beträchtlich weniger als 1 m jährlich beträgt.

3. Abstand Madagaskar—Afrika. Livländer zeigt überzeugend im Gegensatz zu Wegener, daß die bisherigen Messungen zu ungenau sind, als daß man irgendwelche Folgerungen aus ihnen ziehen könnte. So ist also bei den drei genannten Abständen nach Livländer bisher eine Entscheidung nicht möglich. Um so wichtiger ist es, daß er auf S. 134 wörtlich schreibt: „A. Wegener gibt für Grönland sehr interessante Längenbestimmungen in den Jahren 1922 (Jensen) und 1927 (Gabel-Jörgensen). Zwischen beiden Werten ist ein Unterschied von 0.9 ± 0.1^s im Sinne der Verschiebungstheorie. Die gegebenen Zahlen machen eine Verschiebung wahrscheinlich. (Von mir gesperrt.) Der Wert von 1927 ist sehr genau (mit einem mittleren Fehler von $\pm 0.008^s$), und eine einzige Wiederholung solcher Messungen nach einigen Jahren würde die Verschiebung endgültig und auch quantitativ entscheiden.“

Zusammenfassung.

Alle drei von einander unabhängigen Kritiker, WOLF, KOHLSCHÜTTER und LIVLÄNDER stimmen darin überein, daß die Messungen Amerika—Europa, Madagaskar—Afrika und die älteren Messungen Grönland—Europa noch keinen Beweis für eine Abstandsänderung geliefert haben. Aber sowohl KOHLSCHÜTTER wie LIVLÄNDER halten es für recht wahrscheinlich, daß die neuen Grönlandmessungen JENSEN—GABEL-JÖRGENSEN eine Abstandsvergrößerung im Sinne WEGENERS ergeben haben. Nun ist WEGENER, wie bekannt, seit 1929 in Grönland und wird die Messungen wiederholen. Wir werden also hoffentlich 1932 wissen, ob sich die JENSEN—GABEL-JÖRGENSENschen Messungen bestätigt haben oder nicht. Im ersteren Falle ist der strenge Beweis für die Epeirophorese geglückt.

FSC
www.fsc.org
MIX
Papier | Fördert gute Waldnutzung
FSC® C083411

Zeitfracht Medien GmbH
Ferdinand-Jühlke-Straße 7
99095 Erfurt, Deutschland
produktsicherheit@kolibri360.de